NOTICE

SUR UN

CHEMIN DE FER

DE

PARIS A VERSAILLES,

PROJETÉ EN 1825.

PAR M. DEVILLIERS,

INSPECTEUR DIVISIONNAIRE DES PONTS ET CHAUSSÉES.

———— ✦ ————

PARIS,

CHEZ CARILIAN - GŒURY,

LIBRAIRE DES PONTS ET CHAUSSÉES ET DES MINES,

QUAI DES AUGUSTINS, N°. 41.

PARIS, IMPRIMERIE ET FONDERIE DE FAIN,
RUE RACINE, N°. 4.

CHEMIN DE FER

DE

PARIS A VERSAILLES.

On a demandé s'il convient de s'occuper isolément du chemin de fer de Paris à Versailles, ou s'il faut lier son sort à celui du chemin de Paris à Orléans ? En réponse à cette question je ferai observer que la construction d'un chemin de fer, qui n'aurait d'autre objet que le transport des marchandises entre Paris et Orléans, ne pourrait être une bonne spéculation, eu égard aux routes excellentes et aux canaux actuellement existans. Il faudrait nécessairement que ce projet fût encouragé par une subvention du gouvernement, lequel ne sera pas probablement de long-temps en disposition de la fournir. Dans cette situation, si une compagnie offrait d'établir une communication de ce genre sans subvention de la part de l'état, et à la seule condition de passer par Versailles, ce qui offre une source importante de recettes, qu'en résulterait-il ? C'est que les marchandises et les voyageurs, autres que ceux de Versailles, forcés de faire un dixième de chemin de plus que par la route directe pour aller à Orléans, payeraient cette subvention : et pourtant il n'est pas démontré qu'ils la payeraient en totalité ; car il serait possible que le chemin de fer construit dans cette direction, quoique plus long, coûtât moins cher ; et que l'intérêt du capital engagé étant moins fort, le tarif fût moins élevé. On peut croire aussi que le parcours en serait plus facile, et par conséquent aussi prompt. D'une autre part, les compagnies exécutantes s'y livreraient avec plus de confiance, quand elles feraient entrer dans les prévisions de leurs bénéfices l'augmentation certaine de la population de Versailles, l'embranchement de Chartres, celui de Bonneval origine du canal d'Angers, enfin celui même de Rouen sur l'une ou l'autre rive de la Seine.

Il est bien évident qu'indépendamment de ces divers avantages il faut que le tracé satisfasse à tous les besoins d'une circulation prompte et sûre. A cet égard on n'élève aucun doute pour la partie comprise entre Versailles et Orléans ; mais il n'en est pas de même pour celle qui est située entre Paris et Versailles, à cause de la différence considérable du niveau de ces deux villes et de la difficulté de pénétrer sans crainte d'accidens au centre de leurs populations. Si je ne parviens pas à lever ces doutes, ce qui est possible, à cause de l'éloignement que l'on a en ce moment pour les moyens que je propose, et que je reconnais ne pouvoir être appliqués sans de sérieuses réflexions aux grandes lignes dont le gouvernement fait étudier les projets, au moins il restera démontré que l'administration n'aura aucune raison de s'opposer à la concession d'un chemin spécial de Paris à Versailles, puisque cette ligne aura été définitivement rejetée par elle comme ligne principale. Tels sont les motifs qui me déterminent à reparler d'un projet que j'ai conçu en 1825, et dont rien jusqu'à ce jour ne m'a encore démontré que l'exécution ne fût pas facile et très-avantageuse sous bien des rapports.

Je disais aux personnes qui s'intéressaient alors à cette affaire, après leur avoir exposé les avantages qu'on devait espérer en général des chemins de fer : « Tous ces
» avantages, que nous venons de signaler, méritent aux
» chemins de fer d'être considérés comme des établisse-
» mens d'utilité publique, et doivent leur assurer la
» protection du gouvernement. Cette industrie, qui a
» germé en France comme en Angleterre, mais que nos
» voisins ont su faire promptement fructifier, doit aussi
» nous être profitable. Je vais en proposer une application
» simple, peu dispendieuse, et propre à faire connaître
» combien elle mérite d'être encouragée. Cette applica-
» tion, qui pourrait par la suite recevoir une grande
» extension, se ferait aux portes de la capitale, près du
» foyer de l'industrie et du commerce, et sous les yeux de
» l'autorité.

» La route pavée, qui réunit Paris et Versailles, est
» belle et bien entretenue ; toutefois les frais de transport
» y sont trop considérables pour que les arts industriels
» aient pu réparer les pertes que Versailles a faites en
» 1791. Même aux temps où les rois résidaient dans cette
» ville, l'importance d'une communication plus facile
» avec la capitale, pour les gros transports, y était vi-
» vement sentie. Dans le 16e. siècle, il fut question de
» construire un canal entre Versailles et Sèvres. Ce pro-
» jet a été renouvelé en 1741 par le sieur Crozet. Le
» canal devait partir du Petit-Montreuil, passer sous
» Viroflay, et cotoyer le chemin de Sèvres jusqu'à la
» Seine. Il aurait eu 363 pieds de chute, et peu d'eau
» pour l'alimenter. On l'a jugé avec raison inexécutable.

» L'avantage immense qu'il y aurait à établir une com-
» munication économique entre Paris et Versailles, l'in-
» suffisance de la route existante, et l'impossibilité d'exé-
» cuter un canal, portent naturellement les idées vers
» l'établissement d'un chemin de fer. Mais il est impossible
» de suivre la direction de la route actuelle, où la mul-

» tiplicité des pentes et des contre-pentes , le rétrécisse-
» ment fréquent de la route , le passage de la Seine et la
» grande quantité d'habitations , font naître à chaque
» pas de nouvelles difficultés presque insurmontables. Je
» propose une autre direction qui les évite presque toutes.
» Guidé par l'intérêt public , soutenu par le désir d'être
» utile à ma ville natale , et, de plus , puissamment aidé
» par la connaissance ancienne et parfaite des localités , je
» me suis livré avec zèle et confiance aux recherches que
» nécessitait la rédaction de mon projet.

» Le chemin de fer doit réduire des $\frac{5}{6}$ les frais de trans-
» port des marchandises , et de moitié ceux des voyageurs.
» La durée du voyage sera de beaucoup abrégée pour les
» voyageurs, qui, en outre, seront transportés sans cahots
» et sans crainte d'accidens par une route agréable. Il n'est
» pas douteux , d'après cela , que cette nouvelle commu-
» nication ne soit promptement préférée et presque ex-
» clusivement fréquentée.

» La route royale en sera d'autant soulagée, et les frais
» d'entretien qu'elle exige seront sensiblement diminués au
» profit de l'état.

» Les propriétés foncières, à présent presque sans va-
» leur à Versailles , en acquerront une aussi grande que
» si cette ville était rapprochée de Paris des $\frac{5}{6}$ de la dis-
» tance qui l'en sépare. Ses édifices nombreux, qui mena-
» cent de tomber en ruines, faute d'entretien, seront
» réparés et convertis en grandes manufactures , et la ville
» de Versailles verra bientôt monter à cent mille habitans,
» comme autrefois, une population florissante par son
» industrie.

» Les bois de la forêt de Meudon seront exploités avec
» économie, et leurs coupes vendues à Paris avec un
» grand avantage.

» Les exploitations de pierres meulières qui se font sur le
» plateau de Meudon, seront considérablement augmentées,
» parce que ces matériaux pourront être livrés à 5o p. $\frac{o}{o}$

» au-dessous du prix de ceux de même nature provenant
» d'autres carrières.

» Le village du bas Meudon deviendra le port naturel
» de Versailles , la nouvelle ville de Grenelle sera vivifiée ,
» le coteau de Meudon se couvrira de maisons de campa-
» gnes que la facilité des communications mettra en quel-
» que sorte à la porte de Paris. »

Mais laissons ces anciens souvenirs, et revenons à l'état
actuel de la question.

Le chemin de fer de Paris à Versailles a pour but
principal le transport des voyageurs, d'où résulte la condition indispensable de les prendre et de les conduire le
plus près possible des centres des populations, et, par
suite, l'obligation de se servir de chevaux comme véhicules pour pénétrer dans l'intérieur des villes, au niveau
du sol ; car je n'admets pas qu'on puisse sérieusement
proposer d'arriver par des souterrains ou par des arcades
dans le quartier des Tuileries.

Une autre condition, c'est de franchir les collines qui
sont à moitié chemin sur la rive gauche de la Seine ; ce que
l'on peut faire, soit au moyen d'une pente uniforme de
8 millimètres par mètre sur un grand développement,
soit au moyen d'un plan incliné réunissant deux lignes
de niveau.

Voici le tracé que j'avais proposé en 1825. En partant
du pont Louis XVI on aurait passé par le quai d'Orsay,
la plaine de Grenelle, la plaine d'Issy, le clos des Mou-
lineaux, le coteau de Meudon jusqu'au niveau de Versailles, un souterrain sous le plateau de Meudon, le
carrefour de l'Oursine, Viroflay, Porchefontaine et l'avenue de Paris jusqu'à la place d'Armes.

La ligne est directe, et il y a peu de dépenses à faire en
acquisition de terrains, et peu d'habitudes à rompre, puisque l'on est presque partout sur des voies déjà ouvertes,
ou dans les bois de la liste civile.

Le pont Louis XVI est l'emplacement le mieux choisi

pour le départ des voyageurs ; c'est le rendez-vous ou le passage de presque toutes les voitures *omnibus*. Ces voitures, qui traversent Paris dans tous les sens, amèneront au chemin de fer les voyageurs qui s'arrêtent actuellement à la rue de Rivoli ; quant à ceux qui vont monter dans les petites voitures près du pont Louis XVI, ils y trouveront le point de départ du chemin de fer.

Il est évident que des voitures traînées par des chevaux, même avec une grande vitesse, sur des rails en fer posés dans l'une des spacieuses contre-allées du quai d'Orsay ou de l'avenue de Paris, ne présenteront pas de danger. Ces larges voies, actuellement sans vie, sembleraient avoir été ouvertes dans la prévision du projet qui nous occupe.

J'ai préféré deux lignes de niveau réunies par un plan incliné très-raide, à un seul plan incliné de 8 millimètres par mètre, afin d'éviter de suivre par un grand développement les coteaux d'Issy, de Fleury, de Sèvres, de Châville, de Montreuil, etc., en traversant des propriétés closes d'une très-grande valeur. Cela m'a conduit à employer une machine fixe au lieu de machines locomotives, et je n'ai pas écarté cette idée, parce que je crois que, dans cette localité surtout, il est plus économique de vaincre l'effort d'ascension au moyen d'une machine fixe que par des machines locomotives qui usent de la force pour se déplacer elles-mêmes, qui dépensent plus de combustibles qu'une machine fixe pour produire la même quantité de vapeur, plus de vapeur pour produire la même force, qui brûlent du charbon de choix et même du coke, au lieu de charbon commun. On objecte qu'il y a souvent de la vapeur perdue quand la machine fixe ne fonctionne pas ; mais, dans le cas particulier qui nous occupe, on doit considérer que la marche des voitures de voyageurs sera régulière, et qu'en conséquence la machine fonctionnera sans discontinuité toute la journée. La nuit, si elle n'est pas employée au transport des marchandises, on lui fera monter de l'eau de la Seine à Bellevue et à

Meudon, qui en désirent vivement, ou on l'arrêtera comme on arrêterait les machines locomotives.

Je dois faire ressortir aussi, pour le cas présent, d'autres inconvéniens des machines locomotives : par leur fumée, elles seraient fort incommodes pour les voyageurs, et surtout pour les promeneurs des environs de la capitale: par leur poids, qu'on n'est pas encore parvenu à réduire suffisamment, elles fatigueraient les rails, ou obligeraient à leur donner plus de force qu'il n'est nécessaire pour des waggons de voyageurs ou même de marchandises : enfin, elles useraient le chemin autant et même plus que les waggons employés aux transports utiles.

Sur un chemin de niveau, ou à peu près, elles auraient un grand désavantage pour le transport des voyageurs, qui, devant partir tous les quarts d'heure, ne seraient qu'au nombre de trente ou quarante au plus; car cela donnerait lieu à l'emploi d'un grand nombre de machines semblables, fonctionnant toutes avec une charge bien inférieure à leur force, et ne donnant en résultat utile qu'un produit sans proportion avec le capital qui sera engagé dans leur acquisition.

Elles ont, il est vrai, l'avantage d'augmenter presque indéfiniment la vitesse du transport, ce qui diminue l'intérêt de ce même capital; mais cela fait croître dans la même proportion, au moins, la consommation du combustible, les frais d'entretien, tant du chemin que des machines, et les chances d'accidens.

Le tracé, suivant une pente de 8 millimètres par mètre, aurait l'avantage plus réel de procurer un retour de Versailles à Paris sans consommation de combustibles, et en vertu de la pente seule du chemin; mais on doit considérer cependant que, pendant ce retour, les machines se refroidiraient et devraient être réchauffées presque complétement pour un nouveau voyage en montant de Paris à Versailles On doit considérer aussi, qu'afin de ne pas voir la vitesse s'accélérer d'une manière effrayante, il faudrait se maintenir sur la pente au moyen de freins que l'on sait user très-promptement les rails et les roues.

J'aborde la difficulté du plan incliné, qui sera fort raide, car j'aime mieux lui donner de la raideur que de la longueur, à cause du frottement des cordes. Sa pente sera de un 10°, et sa longueur totale de 1000 mètres environ. C'est ici que pourront se faire toutes les exclamations contre les plans inclinés; mais je crois sincèrement, et je prétends prouver, qu'on en exagère beaucoup le danger, et que si l'on veut remonter à la cause de tous les accidens qu'on peut citer sur les chemins existans, on verra qu'ils sont tout-à-fait en dehors des circonstances particulières et tout-à-fait spéciales dans lesquelles nous nous trouvons. On convient généralement qu'à la montée aucun danger n'existe, parce que l'on fait suivre les chars de béquilles qui les arrêteraient immédiatement si la corde cassait. Le même remède ne peut être appliqué au même accident à la descente. Mais pourquoi veut-on que la corde casse plutôt que les traits des chevaux d'une diligence sur une côte rapide? Remarquons bien qu'il n'y aura jamais qu'un char à monter à la fois; qu'il pèsera 5500 kil., et suivant la pente 550 kil. seulement; qu'on emploiera un câble d'une force double, ou mieux encore deux câbles, dont un, dit de sûreté, n'agira qu'à défaut de l'autre.—Croit-on que, dans les circonstances où nous nous trouverons, à la porte de Paris, sous la verge de la police de la capitale et dans la crainte d'un discrédit total, on ne veillera pas à chaque instant au bon état des cordes? C'est vraiment pousser trop loin la prévoyance, quand tous les jours, sans y penser, on monte dans les voitures publiques et sur des bateaux à vapeur.

Au reste, on pourrait faire descendre les waggons sur un chemin de bois ou de terre, en les plaçant sur un traîneau. Il est évident qu'alors, sur une pente d'un 10°., le frottement pourrait toujours être rendu égal au 10°. du poids de la voiture; sur nos routes ordinaires, pour des pentes semblables, on enraie à peine une roue; ici nous en enraierons quatre.

Il me reste à parler du souterrain qui suivra immédiatement le plan incliné. Il est fort long; mais j'annonce d'avance qu'on le passera très-rapidement, et sans l'apparence d'un danger. Il aura 3300 mètres de longueur, et sera composé de deux galeries inclinées moyennement de 0,005 en sens inverse, et aboutissant à la même hauteur du côté de Versailles, de telle sorte que les chars y rouleront sans véhicules et avec une vitesse uniforme. Les chars y passeront toujours dans le même sens. Jamais un char n'y entrera, que le précédent n'en soit sorti. Il n'y aura donc ni rencontre ni accident possible. On voit que les deux embouchures du côté de Paris seront à différentes hauteurs. Il n'est pas besoin de dire que le plan incliné d'ascension devra monter jusqu'à l'embouchure la plus élevée.

Une fois le souterrain passé, rien n'empêchera d'aller de niveau jusque près de la place d'armes à Versailles, au moyen d'une tranchée à Viroflay dont le déblai servira au remblai de Porchefontaine.

A ces raisonnemens il est bon d'ajouter, quelques chiffres pour faire voir ce que coûterait le transport des voyageurs, 1° au moyen de machines locomotives sur un plan uniformément incliné de 8 millimètres par mètre ; 2° au moyen de chevaux sur deux lignes de niveau, d'une machine fixe appliquée à un plan incliné d'un dixième sur 1000 mètres de longueur, et de deux galeries de 3300 mètres de longueur formant plans *automoteurs* par leur inclinaison.

Je ne parlerai pas ici des calculs auxquels je m'étais livré en 1825. Depuis ce temps les voyages et les recherches d'habiles ingénieurs, et des expériences faites sur plusieurs chemins de fer, ont tranché ou simplifié des questions qui alors étaient fort ardues. Je puiserai tout simplement dans les traités les plus accrédités et qui sont à la portée de tout le monde.

CALCUL

Des frais de traction pour un voyageur sur un plan incliné de 8 millimètres pour mètre, au moyen de machines locomotives.

La machine locomotive pèsera. . . . . 5000^k ⎱ 8000^k.
Son fourgon . . . . 3000 ⎰

Elle traînera un waggon pesant. . . . 2500 ⎱ 5500^k.
Et 40 voyageurs à 75^k chaque. . . . . 3000 ⎰

$$\text{Ensemble. . .} \quad \underline{13500^k.}$$

Le frottement sur des rails de
niveau serait . . . . $13500 \times 0,005 = 67^k,50$
Le poids décomposé suivant la
pente serait. . . . . . . $13500 \times 0,008 = 108,00$

$$\text{Ensemble. . . . .} \quad \underline{175^k,50}$$

La force de la machine locomotive étant de 12 chevaux de vapeur, et chaque cheval étant compté pour 75^k élevés à 1^m par seconde, les 12 chevaux représentent 900^k à 1^m par seconde. Divisant les 900^k par l'effort à vaincre qui est de 175^k,50, on a pour la vitesse qu'il est possible d'imprimer au convoi 5^m seulement par seconde, ou 18000 mètres à l'heure. C'est à peu près la distance de Paris à Versailles. Il faudra donc une heure à une machine locomotive pour conduire 40 voyageurs de Paris à Versailles. Elle pourra revenir plus vite en s'abandonnant à la pente du plan incliné ; soit $\frac{1}{2}$ heure.

La machine dépensera par jour :

Intérêts du prix d'acquisition de la machine esti-
mée 12,000 fr. 1fr.70
Pour une autre machine en repos . . . . . : . . 1 70
600 kilog. de coke seulement, eu égard au retour
sans chauffage (c'est 100^k par voyage et 5^k par
kilomètre, et enfin 0,28 par kilomètre et par
1000 kilogrammes) à 6 fr. les 100$_k$. . . . . . . 36 »
Machiniste et chauffeur. 6 60
Eau. 3 60
Huile et graisse. . . . . 2 »
Menues réparations.. . . . . 3 »
Grosses réparations 7 22
Entretien des ateliers. 2 18
                                            _____
                                            64 00

Chaque machine fera six voyages doubles.
    Ci par voyage double. 10 66
Elle traînera 40 voyageurs dans un sens et 40 dans
l'autre. Les frais de traction , qui ne sont pas égaux dans
les deux sens , parce qu'il n'y a pas de chauffage de la machine à la descente, seront donc moyennement, par voyageur , de $\frac{1066}{8090} = $ 0^f,133.

CALCUL

*Des frais de traction pour un voyageur , au moyen de
chevaux , d'une machine fixe sur un plan incliné , et
de plans automoteurs.*

POUR LES CHEVAUX.

Frottement du waggon chargé
    sur des rails de niveau . . . 5500 × 0,005 = 27^k,50
ce qui correspond à la force d'un cheval faisant quatre
lieues à l'heure ou 4^{m}44 par seconde.

C'est presqu'une vitesse égale à celle à laquelle est réduite la machine locomotive.

Un cheval payé 4 f. 50 par jour, non compris le conducteur , ne fera moyennement que 14,000ᵐ par jour en deux fois. Le relai de Paris au plan incliné sera de 8000 mètres. Celui du souterrain à Versailles sera de moins de 6,000 mètres.

Un cheval traînant 40 voyageurs, la dépense sera. . . . .

donc par voyageur de 0 fr.112

POUR LE PLAN INCLINÉ.

La machine fixe ne montera qu'un char à la fois : et comme il y aura 48 ascensions en 12 heures , une ascension devra se faire en un quart d'heure. En prenant 7 minutes pour accrocher et décrocher le char , il reste 8 minutes pour l'ascension. Le plan à parcourir étant de 1000ᵐ., les chars devront y avoir une vitesse de de $\frac{1000}{480}$ secondes ; soit 2 mètres par seconde. Ils pèseront 5500 kilogrammes.

Le frottement sur les rails de niveau
serait. . . . . 5500×0,005= 27ᵏ,50

Le poids décomposé suivant la pente
d'un 10ᵉ., sera. . . . . 5500×0,10= 550 ,00

Ensemble. . . . . 577 ,50

Un câble d'une force double de celle nécessaire
pour traîner cette charge , ou deux câbles
de la force seulement nécessaire , pèseront ,
pour 1000 mètres de longueur , environ 2000ᵏ,
dont le 12ᵉ pour le frottement sur les poulies
sera . . . . 166ᵏ,00.

Le poids du câble décomposé suivant
la pente, sera de. . . . . 200 ,00

Ensemble . . 366 00 366 ,00

Total pour le char et les câbles. 943ᵏ,50

Cette charge, élevée avec une vitesse de 2 mètres par seconde, équivaut à 1887$_k$ avec celle de 1m par seconde, ou à 25 chevaux, puisque celle d'un cheval de machine à vapeur est de 75$_k$ avec une vitesse de 1m par seconde.

Une machine de 25 chevaux, à raison de 800 fr. par force de cheval, coûtera. 20,000fr.00

Tambours, engrenages, réservoirs, maison. 29,000 00

300 poulies. 4,500 00

Total. 53,500 fr.0

Intérêts de cette somme à 5. p. 0/0 par an ;
pour un jour. . . . . 8 fr. 56

Entretien de la machine à raison de 25 fr. par force de cheval, 625 f. par an, et par jour. 1 75

Charbon 8^k par heure et par force de cheval :

$8 \times 12 \times 25 = 2400^k$ à 40^k les 1000 kilog. . . 96 00

Machiniste et chauffeur. 6 00

Usure des poulies. 0 30

Huile pour les poulies. 0 40

Homme pour graisser. 2 00

Quatre hommes pour détacher et rattacher les waggons. 8 00

Intérêts du prix des câbles achetés 2000, à 5 p. %, par an 100 fr. et par jour 0 30

Usure des câbles. 3 00

Ensemble. . . . . 126 f. 31

C'est pour chacun des 48 waggons qui monteront. . . . . 2 fr. 63

Et pour chaque voyageur. . . . . . . $\frac{2 f. 63}{40}$ = 0 ,065

Sur les plans *automoteurs* il n'y a pas de frais de traction. Sur le plan incliné, les chars en descendant aideraient au besoin à l'ascension des autres.

Les frais de traction seront donc en allant de Paris à
    Versailles :

Pour les chevaux. . . . . o fr. 112
Pour le plan incliné.. . . . . o   o65

                  Ensemble. . . . . o fr. 177

Pour venir de Versailles à Paris :

Pour les chevaux. . . . . o   112

          Total pour les deux voyages. . . . o fr. 289

Nous avons vu que les frais de traction pour les machines
    locomotives sur le plan incliné de $0^m,008$ par mètre,
    sont moyennement, pour un voyage, $0^m,133$. C'est donc
    pour deux voyages. . . . . o fr. 266
La différence est par voyageur de. . . . . o   o23
Et pour 2000 voyageurs par jour, de   46
Et par an, de. 16790
Ce qui représente un capital de. 335800

   Il resterait à prouver que le chemin tracé en plan incliné d'une seule pente uniforme de 0,008 par mètre, ne
coûterait pas 335800 fr. de plus que celui que je propose.
On m'a cité pour le premier une évaluation de 7,500,000 fr.,
dont je ne connais pas les détails.

   Voici celle de mon projet.

Dépenses du premier établissement.

Acquisitions de terrains. (Elles seront peu considérables
    par les raisons que nous avons dites.)   500,000 fr.
Route en terre cailloutée par les chevaux.   200,000
Rails : 20000^m à deux voies, à 50 fr.. . . .   1,000,000
    Il y a $\frac{1}{10}$ pour les gares.
Souterrains de 3 mètres sur 4 mètres, à
    250 fr. le mètre courant, ci, pour 6600^m.   1,650,000

                A reporter. .   3,350,000

	Report. . . .	3,350000
Ponts et aquéducs.		350,000
Traverses des routes.		70,000
Bornes et barrières.		100,000

Ensemble. . . . . .   3,870,000 f.

Matériel susceptible d'un renouvellement périodique.

12 voitures à 5000 fr. . . . . 60,000 fr.
Le renouvellement est compris avec l'entretien.
60 chevaux, dont 12 de relais, à 500 fr. chaque.   30,000
Le renouvellement est compté dans les frais de traction.
Harnais. 10,000
Le renouvellement est compté avec celui des voitures.

Ensemble.   100,000

Total.   3,970,000

La différence de cette évaluation avec celle de 7,500,000 fr. serait de 3,530,000 fr.

C'est bien plus qu'il ne faut pour établir la balance en faveur de mon projet sous le rapport de la dépense.

Sous celui de la vitesse, nous avons vu que les machines locomotives ne mettraient pas moins d'une heure pour monter, et $\frac{1}{2}$ heure pour descendre.

En suivant mon tracé, on emploiera, savoir :

Sur les lignes horizontales. . . . . 45 minutes.
Sur le plan incliné. 15
Sur le plan *automoteur* à raison de sept lieues
    à l'heure. 7

Total.   67

Il ne faudra pas moins de temps pour revenir.

N'oublions pas toutefois de remarquer que nous avons supposé aux deux tracés le même développement, et que

cependant cela n'a pas lieu. Si mon tracé a seulement
un 8ᵉ de moins que celui d'une seule pente, il sera parcouru
en aussi peu de temps en allant de Paris à Versailles.

Nous avons compté sur des vitesses de 4 lieues à l'heure;
si on voulait obtenir une plus grande vitesse, il faudrait
faire une beaucoup plus grande dépense en frais de traction
dans un système comme dans l'autre. Les machines locomotives auraient probablement un avantage alors sur les
chevaux; mais les voyageurs consentiront-ils à faire les
frais de cette grande vitesse? Frais énormes si l'on consi-
dère à la fois l'acquisition d'un matériel plus considérable
en machines locomotives, et l'entretien de ces machines
ainsi que des rails.

Une seconde machine locomotive, réunie à la première,
porterait la charge à $(8000 + 8000 + 5500)$ $(0,005 + 0,008)$
$= 279$: et la force à 24 chevaux, c'est-à-dire 1800 k.
à 1ᵐ. par seconde, la vitesse serait donc $\frac{1800}{279} = 6^m$, 4 par
seconde; au lieu de 5ᵐ que donne une seule machine. Pour
une vitesse de 10m. Il faudrait une force de 100 chevaux.

Sous le rapport de l'entretien, mon système doit avoir
de grands avantages sur l'autre. Voici comme j'établis la
dépense annuelle en ce qui concerne mon projet :

Intérêt à 5 p. o⁄o du capital de la première dépense,
portée ci-dessus à . . . . 3,970,000 fr.
ci . . . . 198,500 fr.

Entretien des chemins à 4,000 fr. par kilomètre, pour 20 kilomètres. 80,000

Entretien et renouvellement des voitures . 18,000

id. des harnais 2,000

Personnel et administration.

20 cantonniers à 1,000 fr. . . . . 20,000 fr.

12 conducteurs des voitures 12,000

3 receveurs à 2,000 6,000

A reporter. . . 38,000. 298500

Report. . . 38,000 fr. 298,500

1 inspecteur 3,000
1 directeur 6,000
Pour agens divers imprévus 5,000

52,000   52,000

Reproduction du capital de 3,970,000 fr. au
bout de 49 ans 19,850

Total 370,350

Nous avons supposé, dans tout ce qui précède, qu'il y aurait 2000 voyageurs dans chaque sens. Ce nombre est
fort exagéré pour le moment présent ; mais comme il
pourra être atteint assez promptement, nous avons dû établir les moyens d'y faire face quand il se présentera.

Quelle que soit l'augmentation du nombre des voyageurs, on pourra toujours y satisfaire en augmentant la
force de la machine fixe et de ses dépendances.

Pour balancer en ce moment les dépenses et les recettes que l'on peut espérer immédiatement, il faut réduire
le nombre total des voyageurs, allant et revenant, à
800,000 par an.

Si on perçoit 1 fr. par voyageur, prix moyen, la recette
totale brute sera de . . . . 800,000 fr.

La dépense sera, ainsi que je l'ai dit ci-
dessus . . . . 370,350 fr.

Les frais de traction calculés
comme ci-dessus, et établis à
0,fr. 289 par double voyage et pour
2000 voyageurs par jour ou 730,000
par an, dans chaque sens, ci. . . 219,070

Ensemble 581,320   581,320

Le bénéfice net sera donc par an   218,680 fr.

indépendamment des intérêts du capital employé, des fonds d'amortissement de ce capital en 49 ans, et des recettes que l'on pourra faire, sur le transport des marchandises, sur l'élévation de l'eau de la Seine à Bellevue et à Meudon, etc.

Si on objecte que les voitures actuelles de Versailles soutiendront la concurrence du chemin de fer en augmentant leur vitesse et en la portant à 4 lieues à l'heure, je demanderai si on pense qu'elles puissent le faire autrement qu'en doublant le nombre de leurs chevaux? Or, cela les obligerait à porter très-haut le prix des places. En effet, s'il ne faut en ce moment que 4 chevaux, pour 24 voyageurs, ces 24 voyageurs devront payer les 4 chevaux de renfort, lesquels coûteront 18 fr. au moins; c'est donc près de 75 centimes à ajouter aux prix que l'on paye à présent pour toutes les places indistinctement.

Mais on peut se demander si on aura tout d'abord sur le chemin de fer la totalité des voyageurs; ou si pour les avoir il ne faudra pas baisser le prix moyen des places à 75 centimes, de manière à en avoir à 50 centimes. Cela est possible, comme il est possible aussi que le nombre des voyageurs augmente. Cette dernière supposition est même la plus probable.

Je crois, d'après tout ce qui précède, au succès immédiat d'un chemin de fer construit d'après le système que j'ai proposé il y a dix ans, et auquel je n'ai pas eu de motif de renoncer; et je reste convaincu qu'un chemin de fer quelconque de Paris à Versailles dont la dépense s'élèverait à 7 ou 8 millions, serait une mauvaise entreprise pour la compagnie qui s'y livrerait.

Février 1835.

PARIS

Grenelle

Vaugirard

Sèvres

Issy

Vanves

Montrouge

VERSAILLES

Clamart

Meudon

Fleury

Clamart

Ile No.2

Ligne du Projet

www.ingramcontent.com/pod-product-compliance
Lightning Source LLC
Chambersburg PA
CBHW070219200326
41520CB00018B/5698